恐龙博士

板龙

为什么吃石头?

张玉光 著　　心传奇工作室 绘

中国少年儿童新闻出版总社
中国少年儿童出版社
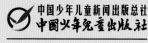
北　京

1 恐龙生活的时期

地球自诞生以来已经有46亿年的历史了，为了便于大家了解地球的历史，科学家将这46亿年划分为5代：太古代、元古代、古生代、中生代、新生代。其中中生代又分为3纪：三叠纪、侏罗纪和白垩纪，恐龙是这一时期的霸主。

距今1.5亿年，始祖鸟出现，有人认为它是最早的鸟类，也有人认为它是长着羽毛的小型兽脚类恐龙。

距今2.3亿年左右，最古老的恐龙始盗龙出现。此时，地球上的大部分地区是炎热干燥的荒漠。

侏 罗 纪

距今2亿~1.45亿年

三 叠 纪

距今2.5亿~2亿年

地球诞生8亿年之后，才有了生命的迹象。很长一段时间，地球上的生命都集中在海洋里。距今5.3亿年，最古老的脊椎动物海口鱼出现，距今3.6亿年，一些鱼类才进化成两栖动物……地球上的生命进化得如此缓慢，任何微小的进步都值得歌颂。

2 恐龙的分类

根据骨盆的结构特征，科学家将恐龙分为两大类，一类是蜥臀目，它们的耻骨朝前，和蜥蜴的骨盆更像；一类是鸟臀目，它的耻骨朝后，跟鸟类的骨盆更像。

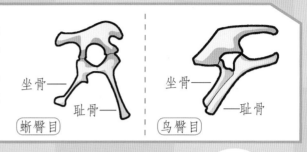

坐骨——
耻骨——
蜥臀目

坐骨——
——耻骨
鸟臀目

白垩纪

距今 1.45 亿～ 6600 万年

白垩纪时期出现了许多体形巨大的恐龙，但是 6600 万年前的一场生物大灭绝使恐龙的时代戛然而止。

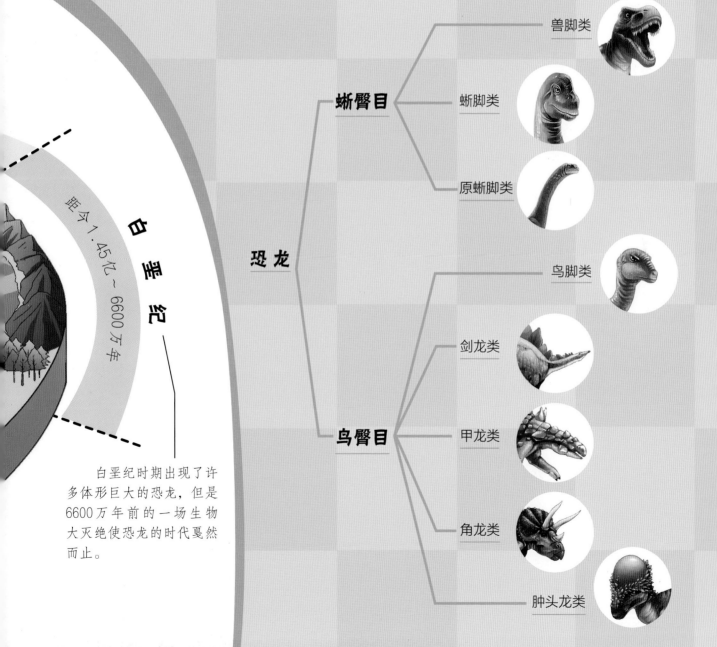

恐龙

蜥臀目
- 兽脚类
- 蜥脚类
- 原蜥脚类

鸟臀目
- 鸟脚类
- 剑龙类
- 甲龙类
- 角龙类
- 肿头龙类

目 录

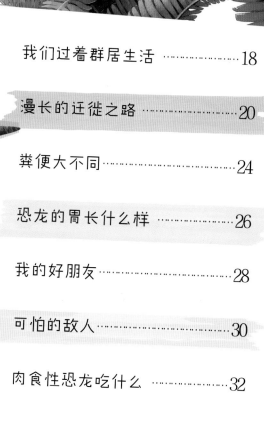

我是板龙

板龙的头部很小，脖子很长。体长约8米，体重约5吨。

　　"板龙"这个名字听起来有点儿怪，难道我长得像板子一样扁平吗？当然不是！只是因为我的身体较宽，在人们眼里像平板一样，所以为我取了属名"*Plateosaurus*"，直接翻译成中文就是"板龙"啦！

知识卡片

　　板龙生活在三叠纪晚期，那时恐龙刚刚诞生不久，体形还较小，所以板龙就成了早期生活在地球上的第一种大型恐龙。作为原蜥脚类恐龙，板龙也是恐龙家族中较为原始的类型。

板龙的前后肢上都有5根指头，其中前肢上的第4指、第5指已经退化到很小。

3

板龙的前肢比后肢短，但仍然用四足行走。只不过偶尔它们也会抬起前肢，为了站立起来够取高处的植物。

　　板龙是植食性恐龙，体形庞大，每天需要进食大量的食物才能维持身体所需。但是坚硬的植物果实和枝干很难消化，会给肠胃带来很大负担，因此板龙学会了使用一种秘密武器，你发现了吗？

我胃里的秘密武器

细心的你一定发现了，我不仅吃植物，还吃石头！石头很坚硬，根本算不上美味，但对我来说必不可少，因为它们能研磨食物，帮助我的胃进行消化。我吞到胃里的这些小石头，被人类称为"**胃石**"。

怎样选择合适的石头？

1.形状要圆润。尖锐的石头容易划伤食道和肠胃，因此不能选择，而要选择表面圆润光滑适合吞咽的。

2.大小要适中。太大的石头既吞不下去，又会给肠胃带来很大负担，太小的石头起不到研磨食物的作用，所以最佳选择是大小适中的。

大石头

圆润的石头

小石头

尖锐的石头

知识卡片

古生物学家曾经在一具较完整的鹦鹉嘴龙化石胃部发现了一堆小石头。这些小石头圆润光滑、排列紧密，明显不是在鹦鹉嘴龙死后混入的碎石，而是跟随鹦鹉嘴龙一起被保存成为化石的胃石。

为了让板龙顺利消化大量坚硬的植物，请为它选择合适的胃石吧！

我的**牙齿**长这样

　　为了方便高效地吃到足够多的食物，我们植食性恐龙长出了**形状特殊的牙齿**。有的形状像树叶，叫叶状齿；有的形状像勺子，叫勺状齿；有的形状像棒子，叫棒状齿。我们板龙的牙齿则属于叶状齿。

叶状齿
　　牙齿扁小，形状像树叶，边缘还有小锯齿。见于剑龙类、角龙类。

　　恐龙的牙齿并不像人类的牙齿一样均匀分布，角龙的牙齿就主要分布在两颊，从两颊到嘴巴前端是没有牙齿的。

　　据统计，鸭嘴龙嘴里的牙齿大约有2000颗，是所有恐龙中牙齿数量最多的。鸭嘴龙的上下牙齿的咀嚼面近于竖直而不是水平，因而牙齿的作用是剪切植物，而不是磨碎植物。

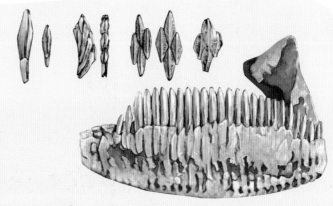

锉刀状齿
　　牙齿形状像锉刀，齿冠比较长，而且中间有脊突。见于禽龙和鸭嘴龙。

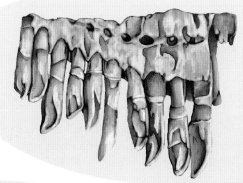

勺状齿

牙齿底端呈圆柱形，向上逐渐变扁，一面内凹，另一面外凸，像个小勺子。见于马门溪龙、圆顶龙。

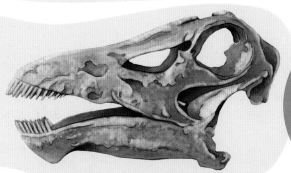

棒状齿

牙齿粗壮，长度也比一般植食性恐龙的牙齿长，像一排小木棒排列在口腔前部。见于梁龙。

研究表明，棒状齿是在勺状齿的基础上演变而来的。

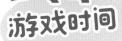

游戏时间

数一数你的牙齿有多少颗，并说说它们与恐龙的牙齿有什么不同吧！

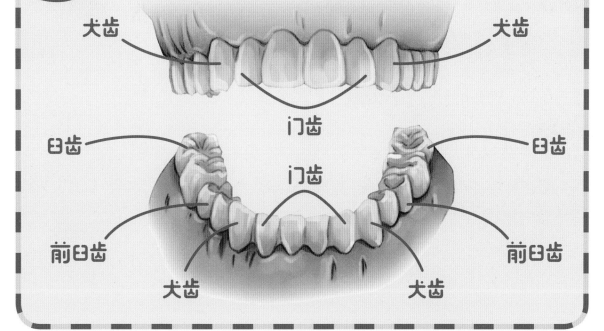

犬齿　　　　　　　　　　　犬齿

门齿

臼齿　　　　　　　　　　　臼齿

门齿

前臼齿　　　　　　　　　　前臼齿

犬齿　　　　　犬齿

我有特别的进食方式

你一定很好奇，我的牙齿呈树叶状，没有咀嚼面，是怎么吃东西的呢？其实我吃东西的方式很简单，只要把柔嫩的枝叶吞下去就好，**不用咀嚼**。不过，并不是所有植食性恐龙都像我一样，甲龙类、剑龙类和角龙类就有不同的进食方式。

板龙的上下颌结构不支持水平方向的移动，因此无法做出咀嚼的动作。

囫囵吞枣型

原蜥脚类、蜥脚类恐龙体形巨大，每天需要进食大量的植物，没有时间咀嚼，而且它们的牙齿也不能用于咀嚼，只适合切断植物，囫囵吞进肚子里，让植物在胃里进行分解消化。

知识卡片

有一些古生物学家认为板龙嘴里有颊囊，可以防止一口吃进太多时，食物溢出嘴巴。颊囊是一种特殊的囊状结构，通常分布在口腔两侧，用于贮存食物，常见于现生的猕猴、松鼠、仓鼠等动物。

细嚼慢咽型

　　甲龙类、剑龙类和角龙类的体形中等，对食物的需求量没有那么大，它们可以选择细嚼慢咽的方式进食。在它们的喙状嘴后面长着许多牙齿，这些牙齿能够磨碎植物。它们进食时，会先用嘴巴前端的尖喙把植物的枝叶剪断，然后用牙齿在口腔里进行研磨，磨成糊状后再咽下去。

　　甲龙类、剑龙类和角龙类的嘴巴构造和其他的恐龙不一样。它们的嘴巴前端是角质的喙，像鹦鹉的嘴一样，坚硬锋利，上下喙合拢时，能轻而易举地剪断植物的枝叶。

知识卡片

　　有研究称，植食性恐龙每天的食量能达到体重的1%。也就是说，剑龙体重约3吨，每天要吃30千克的植物；三角龙体重约6吨每天要吃进60千克的植物；而马门溪龙体重约40吨，每天要吃进400千克的植物。

我最喜欢的食物

三叠纪晚期，地球上长满了**蕨类植物**和**裸子植物**等较为原始的植物，因此在这个时期，不只我，其他所有植食性恐龙的主要食物来源都是下面这些类型较为原始的植物。

蕨类植物是一种较为原始的植物，它们比起苔藓植物已经有了根、茎、叶的分化，但是不开花，也不产生果实和种子，只能依靠孢子来繁衍后代。蕨类植物喜欢潮湿的环境，因此多生长在水边。

蕨类

松柏类

　　裸子植物是一种比蕨类植物高等的植物，它们的根、茎、叶更加发达，能产生种子，但是种子外面没有果实包被，而是裸露在外。裸子植物已经能够适应干旱贫瘠的陆地生活。

木贼类

苏铁类

银杏类

被子植物又是比裸子植物更加高等的植物，它们会开花，会产生种子，而且种子外面还发育出果实将种子保护起来，这有利于它们的繁衍，对环境的适应性也更强。在大自然优胜劣汰的规律下，它们逐渐占据了陆地植物的统治地位。

地球上的第一朵花——辽宁古果

1996年，中国古生物学家在辽宁省发现了迄今为止世界上最早的被子植物化石——辽宁古果。辽宁古果生长在约1亿2500万年前的白垩纪早期，属于热河生物群。古生物学家在显微镜下发现，它的枝条上排列着40多枚类似豆荚的果实，每枚果实中包含着2~4粒种子，具备被子植物的特征。虽然辽宁古果和现在地球上的花有很大差别，但它是所有显花植物的祖先，具有重大的科学价值。

到了白垩纪早期，地球上开始出现开花植物，也就是**被子植物**。被子植物对环境的适应性更高，大量繁衍后，逐渐取代裸子植物成为陆地上的优势植物，改变了植食性恐龙的食物结构。

我的眼睛长在头两侧

　　仔细观察你会发现，我们植食性恐龙的双眼距离较远，位于头顶的两侧，而肉食性恐龙的双眼距离较近，大多长在脑袋的前面。为什么会这样呢？这是由我们的**食性决定**的。

我们植食性恐龙可以眼观六路哟!

植食性恐龙的眼睛

　　位于头顶两侧的眼睛视线范围很广，不仅能看到前面的危险，还能及时发现身后的敌人，有利于躲避猎物的袭击，保障自己和种群的安全。

肉食性恐龙的眼睛

肉食性恐龙的眼睛距离较近，视野有一部分重合，眼前的实物呈现立体的画面，因此看物体时有立体感，有助于它们准确捕杀猎物。

分析完毕
捕获成功率80%

我们肉食性恐龙可以精准锁定猎物，谁也跑不了！

我们过着群居生活

　　我们植食性恐龙生活在植被茂盛的森林或原野，这里有充足的食物，但这种环境也为肉食性恐龙提供了藏身的条件。为此，我们常常会聚集在一起，过**群居生活**，这样既能最大程度地保障自身安全，又有利于族群的发展壮大。

　　植食性恐龙以族群为集体，生活在一起，共同分享食物、分担风险。当遇到危险时，它们会把老弱病幼的同伴保护在中间，防止它们遭到肉食性恐龙的偷袭。

肉食性恐龙通常单独行动。它们在发现植食性恐龙族群时，会先悄悄尾随并接近，耐心等待其中一只植食性恐龙掉队或者走散，再发动突然袭击，进行捕猎。

气龙

生活在侏罗纪中期，主要分布在亚洲，化石发现于中国四川省自贡市大山铺。体长约3.5米，体重约150千克，属于中型肉食性恐龙。头骨大而轻盈，牙齿尖锐，前肢短小灵活，后肢强壮有力。

华阳龙

生活在侏罗纪中期，主要分布在亚洲，化石发现于中国四川省自贡市大山铺。体长约4米，体重约4吨，头骨较小，背上长着两排坚硬的骨板，肩部有一对尖锐的肩棘，尾巴末端还有4根尾刺。

漫长的迁徙之路

　　在我们恐龙生活的时代，陆地上的动物远远没有达到饱和，再加上植被比较丰茂，一般不会发生食物匮乏的情况，这使我们能够安安稳稳地生活。但遇到气候剧烈改变，我们这些习惯了温暖潮湿环境的恐龙难以适应，就要大规模远距离地迁徙，开辟一个**新的生活空间**。

板龙体形庞大，体温升高时不易散热，所以当遇到雨水少、气温高的旱季，会集体迁徙到河湖附近湿润凉爽的环境里。

知识卡片

　　中国的恐龙也有迁徙现象。古生物学家曾在云南发掘出侏罗纪早期蜥脚类恐龙的骨骼化石，然后又在四川盆地、贵州一些盆地发掘出年代较晚的同类型化石，按照族群迁徙理论，这些较晚的类型应该就是从云南迁徙到周边地区的。

迁徙的过程并不容易，常常要穿过干旱炎热的沙漠，这对板龙群是一个巨大的考验。体弱的板龙承受不住恶劣的环境，就会死掉。而更可怕的是，如果发生集体迷路的情况，整个族群都可能面临灭顶之灾。

粪便大不同

人类一般借助我们恐龙的牙齿、爪子、头骨等外形区别，来分辨植食性恐龙和肉食性恐龙，这样最简单有效。其实除此之外，还有一种奇特的方法，那就是**认识粪便**！不过，我们留下来的粪便化石太少，人类难以进行详细的研究。

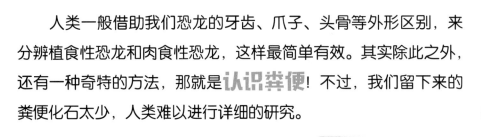

通过研究粪便化石中的成分，古生物学家可以推测出恐龙的食性：肉食性恐龙的粪便大都夹杂着细碎的骨头残渣，植食性恐龙的粪便里通常有尚未被消化的植物叶片和种子。

粪便比骨骼要软得多，容易受气候、环境、微生物分解等外界因素的影响，因此能保存成为化石的少之又少。恐龙的粪便即使经过长期的地质作用，能保存下来，也大多与土壤、岩石混合在一起，就连古生物学家的"火眼金睛"也难以发现。

粪便的形状和消化道的结构有密切的关系，比如鱼类的消化道末端会有螺旋瓣，所以粪便多有螺旋的纹路。但其他高等的脊椎动物，粪便则无螺旋纹，从它们的形状与内含物，可以鉴定出这是哪一类脊椎动物留下的。

充满竹叶的粪便

熊猫的消化道很短，因此食物在消化道里停留的时间也短，吃进去的竹子往往还没有完全消化，就被排出体外。它们的粪便一团一团比较紧实，里面有很多未消化的竹叶。

有螺旋纹的粪便

鱼的消化道末端有螺旋瓣，所以粪便大多有螺旋状的纹路。它们的粪便很细，呈长条状。

形形色色的粪便

颗粒分明的粪便

羊的肠道狭窄弯曲，肠壁上还有很多凹陷的"沟"，所以形成的粪便一般都是小球状，再加上羊很少喝水，粪便干燥，所以往往颗粒分明。

体积庞大的粪便

大象和植食性恐龙的进食方式差不多，要从早到晚不停歇地吃，每天会吃进大量的食物，因此排泄的粪便也很多。

恐龙的胃长什么样

说到消化，就不得不提"胃"这个重要的**消化器官**。我们恐龙的胃也像粪便一样难以保存成为化石，所以人类对它知之甚少。不过，我们在分类上属于爬行动物，人类可以通过研究现生爬行动物的胃，来初步了解我们的胃。

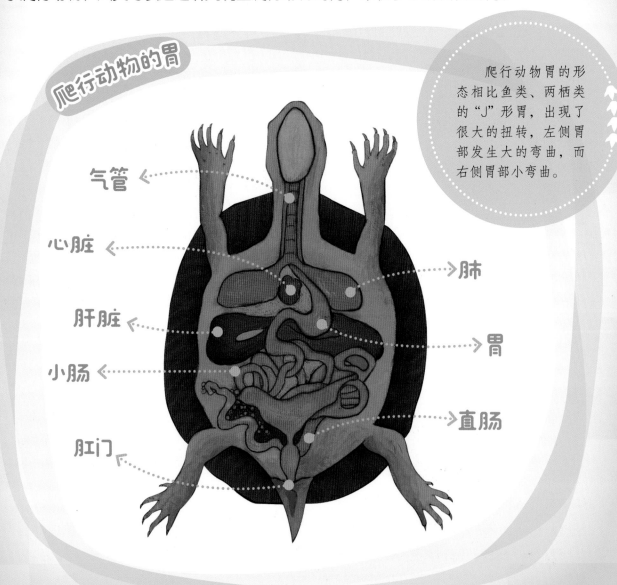

爬行动物的胃

爬行动物胃的形态相比鱼类、两栖类的"J"形胃，出现了很大的扭转，左侧胃部发生大的弯曲，而右侧胃部小弯曲。

气管
心脏
肝脏
小肠
肛门

肺
胃
直肠

人类的胃

人类作为哺乳动物，胃的形态同大多数哺乳动物的胃相比具有相似性和进步性，但是又有细微的差别。人的胃是单胃，形态像攥紧的拳头，在胃的黏膜上有很丰富的上皮组织，用来促进食物消化和营养的吸收。

反刍动物的胃

反刍动物的胃则是复胃，有4个相通的隔室，按照消化过程的先后顺序，分别是瘤胃、网胃、瓣胃、皱胃。其中前3个胃不分泌胃液，只负责把粗糙的食物通过反刍行为磨细。而最后一个胃才类似哺乳动物的单胃，负责消化和吸收。

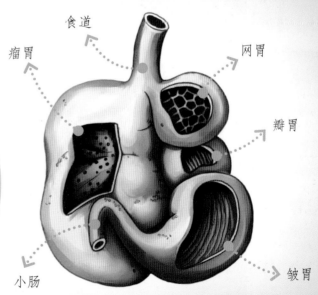

食道
瘤胃
网胃
瓣胃
皱胃
小肠

我的好朋友

在三叠纪晚期，植食性恐龙无论数量还是种类都很少，而且主要生活在欧洲、非洲和南美洲，以**原蜥脚类**为主，就连原始的蜥脚类恐龙都很少，就更别提角龙类、甲龙类等其他伙伴了，它们根本还没有诞生。

优肢龙

生活在莱索托、津巴布韦、南非等地，体长约9米~12米，体重约1.8吨。

黑水龙

生活在南美洲的巴西，体长约2.5米，体重约70千克。因为化石发现地的名字含义为"黑水流淌的地方"，所以被命名为"黑水龙"。黑水龙和板龙的骨骼结构有相似的地方，古生物学家认为它们可能存在亲缘关系。

里约龙

生活在南美洲的阿根廷，体长约10米，和一辆公共汽车差不多，体重约2吨。头部很小，脖子和尾巴都很长，是蜥脚类恐龙演化出来之前，地球陆地上最大型的动物。

槽齿龙

生活在欧洲和非洲，体长约2米，体重约30千克。树叶状的牙齿长在齿槽内，所以被称为"槽齿龙"，是第4种被命名的恐龙。脑袋小，脖子和尾巴长，大多数时候用四足行走，偶尔也会站立起来吃高处的树叶。

可怕的敌人

　　恐龙的祖先是三叠纪早期的一种小型肉食性动物，慢慢演化到中期，开始完全站立，前肢失去行走功能，仅靠后肢行走，这些就是最早的**肉食性恐龙**。三叠纪的肉食性恐龙种类虽然不多，但在我们植食性恐龙眼里，每一只都是可怕的敌人。

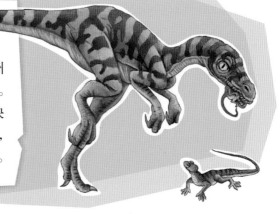

始盗龙

　　最原始的肉食性恐龙，生活在南美洲的阿根廷，体长约1米，体重约10千克。个头儿虽然不大，但凭借锋利的爪子和快速奔跑的能力，不但能够捕捉昆虫和蜥蜴，还能捕食与其体形差不多的其他小型动物。

埃雷拉龙

　　生活在南美洲，体长约4米~5米，体重约180千克，嘴里长满了尖锐的牙齿，体形矫健，动作敏捷，奔跑速度快，是高效的猎食者。耳朵里有听小骨，说明它们的听觉很敏锐，对捕猎十分有帮助。

腔骨龙

　　生活在北美洲，体长约2米，体重约30千克。头骨上有大型洞孔，四肢骨骼也是空心的，大大减轻了身体重量，因此行动非常敏捷，善于奔跑，在恐龙数量稀少的三叠纪晚期，是可怕的捕猎者。

理理恩龙

　　生活在欧洲，体长约5米，体重约130千克，是三叠纪晚期最大型的肉食性恐龙。头上有两片薄薄的头冠，看起来像双脊龙，但前肢上的5根指头显示了它较为原始的特征。理理恩龙的头冠很脆弱，不能用来打斗，可能只是一种装饰物。

南十字龙

　　生活在南美洲的巴西，体长约2米，体重约30千克，是第一种在南半球发现的恐龙，所以被古生物学家以只有在南半球才能看到的星座"南十字星"命名。侏罗纪和白垩纪的很多肉食性恐龙都是由南十字龙演化而来，因此它们对兽脚类恐龙的演化起着至关重要的作用。

肉食性恐龙吃什么

说起我们的敌人，大家首先想到的就是肉食性恐龙，好像它们是专门为了捕猎我们而存在。其实，肉食性恐龙的**捕猎范围比较广**，包括小型肉食性恐龙、大型植食性恐龙，还有其他小型动物。如果长时间捕食不到猎物，它们还会去寻找腐肉充饥。

棘龙吃鱼

白垩纪中期，非洲的撒哈拉地区还不像现在这样干旱，而是拥有一片丰富的河流系统，棘龙就生活在这里的河口三角洲，有时候捕猎幼年的潮汐龙和豪勇龙，有时候用长长的嘴巴抓鱼吃。

棘龙

生活在白垩纪中晚期，主要分布在非洲，体长约12米~17米，体重约4吨~6吨。背上有一块巨大的帆状物，叫"背帆"，古生物学家认为这可能是棘龙调节体温的工具。

食肉牛龙吃腐肉

当肉食性恐龙长时间捕食不到猎物时，为了填饱肚子，它们只好迫不得已去吃一些腐烂的动物尸体，这就是恐龙的食腐现象。

食肉牛龙

生活在白垩纪晚期，主要分布在南美洲，体长约8米，体重约3吨。因为头上两只短角远看像牛角而得名，不过这两只短角不能用来打斗，可能只是它们成年的标志。

玛君龙同类相食

有些肉食性恐龙不仅捕猎其他动物，还会捕食同类。古生物学家曾在玛君龙的骨骼化石上发现了同类的齿痕，说明它们的种群里存在同类相食的现象。

玛君龙

生活在白垩纪晚期，主要分布在非洲的马达加斯加地区，体长约10米，体重约4吨。前肢短小，后肢粗壮发达，是马达加斯加地区的主要掠食者。

中华丽羽龙吃驰龙

有些小型肉食性恐龙还是其他肉食性恐龙的猎物。古生物学家就曾在中华丽羽龙化石的腹部区域发现过驰龙科恐龙的腿，认为中华丽羽龙会以小型的驰龙科恐龙为食。

中华丽羽龙

生活在白垩纪早期，主要分布在亚洲的中国辽西地区，体长约2米，身上覆盖着羽毛，其中头部、尾巴、大腿后侧的羽毛最长，长度可达10厘米。

肉食性恐龙怎么吃东西

在吃东西这方面，肉食性恐龙和植食性恐龙有相似的地方，那就是不经咀嚼直接吞下。但也有很大的不同，肉食性恐龙的牙齿更为尖锐锋利，也更加有力，能够**撕裂猎物的皮肉**。

肉食性恐龙在进食时，会先用牙齿将猎物的皮肉撕下来，再整块吞下去，到胃里进行消化。因为它们没有白齿，上下颌骨也无法水平运动，不能咀嚼。

现生肉食性动物当中也有不经咀嚼直接吞咽食物的，最典型的就是蛇，它们能完整地吞食猎物，粗壮的蟒蛇甚至能吞下一头小鹿。

肉食性恐龙的食量不如大型植食性恐龙的大，所以它们的胃相对较小，但消化能力非常强，能把整块的肉消化掉。

肉食性恐龙的锯齿状牙齿

所有肉食性恐龙的牙齿都是尖锐锋利的，但具体到每种恐龙，形态上还是有细微区别。加拿大古生物学家菲利普·柯里仔细研究了4种生活在北美洲地区的肉食性恐龙，发现它们牙齿边缘的**锯齿形态**有明显区别。

驰 龙

生活在白垩纪，主要分布在北美洲，体长约2米，体重约15千克。身体轻盈灵活，善于奔跑，典型特征是后肢第2指上有一个锋利的镰刀状大爪子。

驰龙的牙齿细长尖锐，呈匕首状向内弯曲，两侧边缘有细密的锯齿状结构。

伶盗龙

生活在白垩纪，主要分布在北美洲和亚洲，体长约2米，体重约15千克，与驰龙同属于驰龙科，所以外形很相似：头骨长，尾巴长，身上覆盖着羽毛，前肢上的羽毛尤其发达，但不能飞翔。

伶盗龙的牙齿较为细长，只有后侧有锯齿状结构。

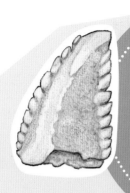

伤齿龙的牙齿小而宽，且较短，两侧边缘的锯齿状结构也较大，类似植食性恐龙的牙齿，因此也有人认为伤齿龙是植食性或杂食性恐龙。

伤齿龙

　　生活在白垩纪，主要分布在北美洲，体长约2米，体重约50千克。最大的特征是脑袋与身体的比例很大，说明它们很聪明。而且它们的眼睛也很大，古生物学家推测它们能够适应夜间捕猎。

霸王龙的牙齿粗壮巨大，两侧边缘的锯齿状结构很细密。

霸王龙

　　生活在白垩纪晚期，主要分布在北美洲，体长超过12米，体重约6.8吨。前肢短小，上面仅有2指，但头骨高大，咬合力惊人。

植食性恐龙与肉食性恐龙的指爪

生物的外观形态都是与它们所具有的功能相适应的，这是**生物演化法则**的结果，所以我们植食性恐龙和肉食性恐龙从头到脚都有很大的区别。前面介绍了眼睛、牙齿等方面的区别，下面来看看我们的指爪有什么不同吧！

植食性恐龙的指爪

多数植食性恐龙的爪子扁平，形态圆滑，并不锋利。四足行走的植食性恐龙前、后足上都有指爪，但爪子的弧度小，爪尖也不尖锐，主要是用来行走，以及协助进食。

肉食性恐龙的指爪

    两足行走的肉食性恐龙前肢的指骨形态简练，关节紧密，爪尖锋利，具有很强的攻击性。后肢的指骨强健有力，肌肉发达，爪子粗壮，便于抓地，可以快速追赶猎物，并协助前肢完成对猎物的肢解。

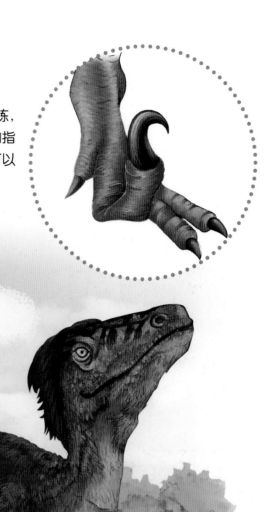

植食性恐龙和肉食性恐龙的一天

霸王龙过着慵懒的独居生活，每天大部分时间都消磨在睡懒觉上。

休息，再休息一会儿。

嗯，领地未见异常。

伶盗龙利用集体的力量捕食大型猎物，然后再共同分享食物。

独居肉食性恐龙代表：霸王龙

呼呼……

群居肉食性恐龙代表：伶盗龙

体形较小的伶盗龙则选择群居生活。

嚼……嚼……作为植食性恐龙，嘴不能停！

起床后要先去巡视一下领地。

植食性恐龙代表：板龙

植食性恐龙由于体形庞大，往往一整天都在不停地吃东西。

你知道在吃东西这件事情上，我们每天是如何度过的吗？一起来看看恐龙的一天吧！

哈，看我的厉害！

一旦霸王龙行动起来捕猎，就非常雷厉风行。

兄弟们，一起上呀！

只要霸王龙能捕食到大型猎物，饱餐一顿，就足以支撑它们数天的消耗。

群居生活还能为伶盗龙提供更多安全保障。

明天要用新的阵型捕猎……

41

如何饲养一只恐龙

试想一下，如果恐龙没有灭绝，人类能够养**恐龙当宠物**，将是一种多么新奇而有趣的体验！请参照"全球恐龙饲养手册"和"恐龙档案"，翻开右页，在后院里饲养一只属于你的恐龙吧！

全球恐龙饲养手册

1、恐龙是一种珍贵的爬行类动物，请爱护它们，不得虐待。

2、恐龙具有一定的危险性，特别是肉食性恐龙，饲养须谨慎。

3、恐龙有不同的爱好、习性，饲养前需认真学习，并取得饲养资格证。

4、食性不同的恐龙不可混养，以免发生伤亡事件。

5、带恐龙外出时，请务必佩戴牵引绳，防止恐龙伤人。

小测试：

1.以上3种恐龙的食性分别是什么？

2.应该为它们选择什么样的食物？

霸王龙

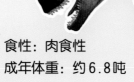

原产地：北美洲　　　　食性：肉食性

成年体长：超过 12 米　　成年体重：约 6.8 吨

三角龙

原产地：北美洲　　　　　　食性：植食性

成年体长：约 8 米～ 10 米　成年体重：约 6 吨～ 12 吨

小盗龙

原产地：亚洲　　　　食性：肉食性，也食用昆虫

成年体长：约 60 厘米　成年体重：小于 1 千克

棘 龙

原产地：非洲　　　　　　食性：肉食性，喜食鱼类

成年体长：约 12 米～ 17 米　成年体重：约 4 吨～ 6 吨

阿根廷龙

原产地：南美洲　　　　食性：植食性

成年体长：约 35 米　　成年体重：约 100 吨

恐龙饲养日记

饲 养 人：＿＿＿＿＿＿＿＿＿＿＿＿＿＿＿＿

饲养的恐龙：＿＿＿＿＿＿＿＿＿＿＿＿＿＿＿＿

饲 养 时 间：＿＿＿＿＿＿＿＿＿＿＿＿＿＿＿＿

饲 养 记 录：＿＿＿＿＿＿＿＿＿＿＿＿＿＿＿＿

＿＿＿＿＿＿＿＿＿＿＿＿＿＿＿＿

＿＿＿＿＿＿＿＿＿＿＿＿＿＿＿＿

根据"恐龙档案"的提示，为下面的恐龙选择合适的食物吧！

| 霸王龙 | 三角龙 | 小盗龙 | 棘 龙 | 阿根廷龙 |

苹果　　草莓　　　　　　　　牛肉

松树枝

银杏叶　　　　　　　　坚果

面包

鱼　　　　鸡

蜻蜓　　　蜥蜴　　鸡蛋

游戏时间

想一想从哪个起点出发可以为你饲养的恐龙找到适合的食物吧！

游戏规则：从任意一个起点出发，沿道路一直前进，遇到分岔则换路。注意只能向前，不能后退哟！

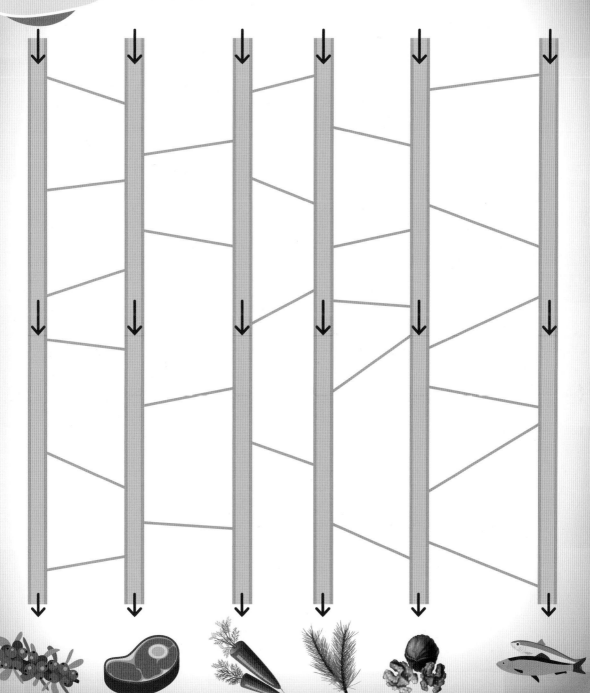

图书在版编目（ＣＩＰ）数据

恐龙博士. 板龙为什么吃石头？ / 张玉光著 ；心传
奇工作室绘. — 北京 ：中国少年儿童出版社，2018.9
  ISBN 978-7-5148-4891-5

Ⅰ. ①恐… Ⅱ. ①张… ②心… Ⅲ. ①恐龙－少儿读
物 Ⅳ. ①Q915.864-49

中国版本图书馆CIP数据核字(2018)第175846号

KONGLONG BOSHI
BANLONG WEISHENME CHI SHITOU

出 版 发 行：中国少年儿童新闻出版总社
                     中国少年儿童出版社

出 版 人：李学谦
执行出版人：张晓楠

策　　　划：包萧红		审　　读：聂　冰	
责任编辑：刘晓成		责任校对：华　清	
封面设计：杨　梦		美术编辑：杨　梦	
责任印务：任钦丽			

社　　　址：北京市朝阳区建国门外大街丙12号	邮政编码：100022
总 编 室：010-57526070	传　　真：010-57526075
编 辑 部：010-59344121	客 服 部：010-57526258
网　　　址：www.ccppg.cn	
电子邮箱：zbs@ccppg.com.cn	

印　　　刷：北京利丰雅高长城印刷有限公司

开本：889mm×1194mm　1/16	印张：3.25
2018年9月北京第1版	2018年9月北京第1次印刷
字数：41千字	印数：10000册

ISBN 978-7-5148-4891-5	定价：32.00元

图书若有印装问题，请随时向本社印务部（010-57526183）退换。